BEI GRIN MACHT SICH IHR WISSEN BEZAHLT

- Wir veröffentlichen Ihre Hausarbeit,
  Bachelor- und Masterarbeit

- Ihr eigenes eBook und Buch -
  weltweit in allen wichtigen Shops

- Verdienen Sie an jedem Verkauf

Jetzt bei www.GRIN.com hochladen und kostenlos publizieren

Katharina Jutz

Fachexkursion: Angewandte Klimatologie

Luftverschmutzung – Anthropogene Verunreinigung urbaner Lebensräume und die Auswirkung auf den Menschen und seine Umwelt

GRIN Verlag

Bibliografische Information der Deutschen Nationalbibliothek:

Die Deutsche Bibliothek verzeichnet diese Publikation in der Deutschen National-bibliografie; detaillierte bibliografische Daten sind im Internet über http://dnb.d-nb.de/ abrufbar.

Impressum:

Copyright © 2010 GRIN Verlag GmbH
Druck und Bindung: Books on Demand GmbH, Norderstedt Germany
ISBN: 978-3-656-32428-7

Dieses Buch bei GRIN:

http://www.grin.com/de/e-book/205055/fachexkursion-angewandte-klimatologie

GRIN - Your knowledge has value

Der GRIN Verlag publiziert seit 1998 wissenschaftliche Arbeiten von Studenten, Hochschullehrern und anderen Akademikern als eBook und gedrucktes Buch. Die Verlagswebsite www.grin.com ist die ideale Plattform zur Veröffentlichung von Hausarbeiten, Abschlussarbeiten, wissenschaftlichen Aufsätzen, Dissertationen und Fachbüchern.

Besuchen Sie uns im Internet:

http://www.grin.com/

http://www.facebook.com/grincom

http://www.twitter.com/grin_com

EX Fachexkursion Angewandte Klimatologie

im WS 10/11

Katharina Jutz

Besuchte Module:

Modul 1 (Klima-Wind-Kanal; Donau-City):
Donnerstag, 21.10.10.; 13:00-17:30;

Modul 4 (Gde. Schwechat, Luftgüte, Lärm; Flughafen, AustroControl
(Flugwetter))
Donnerstag, 25.11.10; 9:30-15:15

Inhaltsverzeichnis:

1. Einleitung

Im Rahmen der verpflichtenden Inlandsexkursionen besuchte ich die Exkursion „Fachexkursion Angewandte Klimatologie" im Wintersemester 2010/2011. Dabei mussten mindestens 2 Module besucht werden.

Unsere Aufgabe bestand nun darin, nach dem Besuch dieser Exkursion ein ausführliches Protokoll über die besuchten Module zu verfassen. Weiteres musste sich jeder Teilnehmer selber ein vertiefender Schwerpunkt über die besprochenen Themen aussuchen und eine Arbeit verfassen. Zu Abschluss sollte jeder noch eine persönliche Beurteilung der Exkursion angeben.

2. Protokolle

2.1. Modul 1 (Klima-Wind-Kanal; Donau-City):
Donnerstag, 21.10.10.; 13:00-17:30;

Für das erste Modul mit dem Namen „Klima-Wind-Kanal; Donau-City" trafen wir uns am Donnerstag, den 21.10.2010 um ca. 13.00 Uhr beim Rail Tec Arsenal, unser erste Punkt auf unserem Programm.

Das erste Modul war ganz dem Wind gewidmet.

Das Rail Tec Arsenal befindet sich im 21. Bezirk und ist ein international tätiges Forschungs- und Testinstitut. Hier werden Schienen- und Straßenfahrzeuge, sowie verschiedene Luftfahrt und technische Einrichtungen auf klimatische Eignung getestet.

Zu Beginn bekamen wir von Gregor Richter eine kleine Präsentation zum ganzen Unternehmen und ihre Tätigkeiten. Zuerst spielte er uns einen kleinen Film vor und anschließend präsentierte er einige Fakten und Infos zum Unternehmen. Anschließend gab er uns eine kleine Führung durch die Anlage. Dabei konnten wir den kleineren der zwei Kanäle von Innen betrachten. (Der kleine Kanal hat eine Länge von 34m, der große eine Länge von 100m.) Auch betrachteten wir die rund um den Kanal dazugehörige Anlage. Gut zu erkennen war zum Beispiel die dicke Isolationsschicht der Stahlrohre. Genauer betrachtet haben wir auch den sogenannten „Soak Room", welcher vor dem kleinen Kanal liegt und als Vorwärmkammer oder zu Vorversuchen verwendet werden kann (z.B. Klima-Wechseltests, wie die Simulation des Durchfahrens eines Tunnels im Winter). Anschließend betrachteten wird noch eine der zwei Vorbereitungshallen. Nach Abschluss unserer Führung und Verabschiedung von Gregor Richter, machten wir uns gemeinsam auf den Weg zur Donau-City. Nach einer kurzen Stärkung machten wir uns von der Kaisermühlen VIC U-Bahnstation auf der Schüttaustraße auf den Weg zu einem Innenhof eines sozialen Wohnbaus. Herr Mursch-Radlgruber gab uns eine Führung durch die Gegend rund um die Wohnbauten und die Donaucity. Dabei war die Anordnung und allgemein das Bauen von Gebäuden ein ausschlaggebender Punkt für die dort vorherrschenden Windverhältnisse. Die Gegend um die Donau liegt in diesem Bereich in einem Art „Windkanal", doch durch die Hochbauten werden die starken Windverhältnisse nur noch mehr verstärkt. Somit kommt es öfters zu sehr starken bis extrem starken Windböen.

Ein aktuelles Thema bei der Donau City ist, wie man diese starken Winde brechen bzw. verhindern kann, da sie doch ein Gefahrenpotential für die Menschen dort darstellen. Schwierig ist es, hier geeignete Maßnahmen zu treffen. Ein erbautes Glasdach mit Schräglage wurde über einem Gehweg errichtet, doch ohne erkennbaren Erfolg. Eventuell bessere Effekte würden große Bäume erzielen, welche den Wind brechen würden.

Nach einer Führung durch die Donaucity und zunehmender Kälte, beendeten wir unseren Exkursionstag um ca. 17:30.

2.2. Modul 4 (Gde. Schwechat, Luftgüte, Lärm; Flughafen, AustroControl (Flugwetter)) Donnerstag, 25.11.10; 9:30-15:15

Für das 4. Modul trafen wir uns am Donnerstag, den 25.11.2010 um 9:30 vor dem Eingang von Thalia im Bahnhofbereich Wien Mitte. Danach nahmen wir gemeinsam die Schnellbahn S7 nach Schwechat. Dort trafen wir um ca. 10:30 auf den Herrn Ernst Zeppetzauer in der Gemeinde Schwechat. Dort präsentierte uns Herr Zeppetzauer die wichtigsten Fakten über Schwechat.

Die Gemeinde Schwechat, welche in Niederösterreich liegt, hat einige prägende und fast einzigartige Strukturen. Einerseits liegt die Gemeinde an Verkehrsknoten wie dem Flughafen Schwechat, an der A4, S1, S7 und dem Verschubbahnhof Kledering. Schwechat ist auch eine Industriestadt durch die dort angesiedelten Betriebe wie OMV, Borealis, Tyrolia und die Schwechater Brauerei. Weiters sind noch die Landwirtschaft sowie die Lage als Vorstadt zu Wien prägend. Somit gibt es in Schwechat sehr hohe Schadstoffemissionen und Lärmbelästigungen.

Nach der ausführlichen Präsentation und Beantwortung unserer Fragen, verabschiedeten wir uns dankend von Herrn Zeppetzauer.

Um 12:15 machten wir uns mit der S7 um 12:34 Uhr auf den Weg zum Flughafen Schwechat. Dort trafen wir uns um 13:00 Uhr mit Herrn Fetz bei der Austro Control. Er gab uns im Control Tower eine Führung durch die Flugmeteorologie. Die Aufgabe der Flugmeteorologie am Flughafen Schwechat ist die Aufbereitung von Wetterinformationen für die Luftfahrt. Dabei gibt es fünf Arbeitsplätze, die uns von Herrn Fetz genauer vorgestellt wurden. Der erste Arbeitsplatz ist das „Metereological Watch Office" (MWO), welcher Rund um die Uhr besetzt ist und die Wetterlage von ganz Österreich analysiert und Warnungen rausgibt.

Ein weiterer Arbeitsplatz ist die „Beratung für Sichtflüge". Die Beratung erfolgt hier entweder per Telefon oder über das Internet. Die Beratung gibt auch Text- und Grafikprodukte über das Wetter heraus.

Der dritte Arbeitsplatz ist die „Anflugkontrolle". Hier wird das Wetter im Nahbereich des Flughafens, sprich Wien, sowie Teile Niederösterreichs, genauer analysiert. Wichtig sind hier Informationen über Gewitter, Nebel, Turbulenzen etc. Auch entscheidend ist das Wetter für die Pistenwahl, denn diese wird je nach Windrichtung gewählt.

Der nächste Arbeitsplatz nennt sich „Wetterbeobachtung – Nahbereich" und beschäftigt sich mit Kurzfristwettervorhersagen. Hier wird alle halbe Stunde die Wettersituation bezüglich Wind, Sicht, Wolken, Druck etc. ausgegeben.

Der letzte Arbeitsplatz besteht aus der „aktiven Wetterberatung" für Piloten der AUA.

Nach der genaueren Beschreibung der Arbeitsplätze, durften wir noch auf die Aussichtsterrasse des Control Towers gehen. Von diesem hatte man einen schönen Überblick über den Flughafen und die Pisten. Um ca. 14:30 war unsere Führung zu Ende und nach der Verabschiedung von Herrn Fetz, machten wir uns mit der Schnellbahn S7 um 14:48 wieder auf den Nachhauseweg.

3. Vertiefung

Luftverschmutzung
Anthropogene Verunreinigung urbaner Lebensräume und die
Auswirkung auf den Menschen und seine Umwelt

3.1. Einleitung

Die Atmosphäre, besonders die bodennahe Luftschicht, gilt als der Lebensraum für Menschen, Tiere und Pflanzen. Die bodennahe Luftschicht kann definiert werden als die „untersten 2 m über dem Erdboden". „Es handelt sich somit um die Luftschicht, die mit den üblichen meteorologischen Meßmethoden, die in Wetterhütten in 2 m Höhe über dem Boden durchgeführt werden, meßtechnisch nicht erfaßt werden kann." (BACH et al., 1995, S. 4) Diese Schicht ist ausgeprägt durch eine kleinräumige Vielfalt des Klimas, welches in einer Zeitskala von Sekunden bis zu Minuten abläuft.

Da die bodennahen Luftschicht zu unserem Lebensraum zählt und in ständigem Austausch mit Boden, Vegetation und Wasser steht, sollte es doch eine der wichtigsten Aufgaben sein, diesen Lebensraum und die bestmögliche Qualität dessen zu erhalten.

(BACH et al., 1995, S. 1ff)

Diese Arbeit soll einen kurzen Überblick über die vom Menschen verursachte Luftverunreinigung vor allem im urbanen Lebensraum bieten. Anschließend sollen die Folgen bezogen auf den Menschen und auch auf seine Umwelt kurz dargestellt werden. Dabei kann nur überblicksmäßig auf die direkten Folgen eingegangen werden. Neben den direkten Folgen gibt es auch weitaus weiterreichende Folgen, welche sich bis zur Klimaveränderung auswirken. Diese können jedoch in dieser Arbeit nicht behandelt werden.

Zum Abschluss werden noch Maßnahmen gegen Luftverschmutzung vorgestellt.

Da es sich bei Luftverschmutzung um ein komplexes und weitreichendes Thema handelt, kann in dieser Arbeit nur kurz und überblicksmäßig auf jeden Punkt eingegangen werden.

3.2. Anthropogen verursachte Luftverunreinigung in urbanen Räumen

Die bodennahe Luftschicht wird zum einen durch natürliche Vorgänge (wie Vulkanismus, Gaswechsel von Tieren und Pflanzen), aber auch durch anthropogen verursachte Emissionen beeinflusst. Luftverunreinigung wird laut BACH et al. folgendermaßen definiert: „Als ,Luftverunreinigung' werden – unabhängig von ihrer Herkunft – alle in der Luft vorhandenen Substanzen gasförmiger, dampfförmiger oder fester Beschaffenheit bezeichnet, die nach Art und Menge nicht zum natürlichen Bestand der Atmosphäre gehören." (BACH et al., 1995, S. 46)

Wesentliche Emittenten

Emissionen des Kraftfahrzeugverkehrs:

Der KFZ-Verkehr ist in den Städten einer der größten Emittenten von gasförmigen Schadstoffen und gilt so als eine der stärksten Umweltbelastungen. Nicht umsonst gilt unter (ökologischen) Verkehrsplanern als Grundprinzip: „Der beste Verkehr findet nicht statt".

Die beachtlichsten luftverunreinigenden Substanzen sind Kohlenmonoxid, Kohlenwasserstoffe (C), Stickoxide (NO_2), Schwefeldioxid, Organische Säuren, Aldehyde (CH_2O), Feststoffe, Blei etc.

Neben diesen fremden Luftgasen, werden auch natürliche in der Luft vorkommende Gase emittiert. Wie zum Beispiel CO_2, welches dann durch die Erhöhung des CO_2-Gehaltes Auswirkungen hat (z.B. Erhöhung der Erdmitteltemperatur).

Die Emission von Schadstoffen bei Kraftfahrzeugen ist sehr abhängig vom Motor, als auch von den Fahrbedingungen. So werden z.B. bei Ottomotoren im Leerlauf und bei niederer Drehzahl vermehrt Schadstoffe ausgestoßen.

(ODZUCK, 1982, S. 81)

Emissionen der Haushalte:

Auch die Haushalte tragen durch das Verheizen von fossilen Brennstoffen zu einer Verunreinigung der Luft bei. Das Heizen führt somit zu einer flächenhaft ausgedehnten Anreicherung von SO_2, CO, CO_2, NO_x, C_mH_m und Staub.

(ODZUCK, 1982, S. 81)

Emissionen der Industrie:

Die Emissionen der Industrie sind stadtspezifisch und können auch nach Industriezweigen unterschieden werden: Schwer-, Leich- und chemische Industrie. Überblicksmäßig kann man bei der Industrie folgende Schadstoffe benennen: Schwefel, SO_2, CO, CO_2, NO_x, Ruß, Staub, Fluorwasserstoff etc.

Emissionen der Landwirtschaft:

Oft wird die Landwirtschaft als ein wesentlicher Emittent von Schadstoffen vergessen. Bei der Nahrungsmittelproduktion durch Feldwirtschaft und durch die Nutztierhaltung werden unter anderem durch Düngen Schadstoffe in die Atmosphäre freigesetzt. Eine wesentliche Rolle spielen dabei Emissionen von Ammoniak (NH_3), Methan (CH_4) und Distickstoffmonoxid (Lachgas N_2O). Schwierig ist hier eine optimale Lösung zu finden. Aufgrund ungünstiger Flächen-Ertrags-Verhältnisse ist ein totaler Verzicht von chemischen Hilfsmitteln nicht möglich. Dennoch sollte auf eine nachhaltige Landwirtschaft geachtet werden. Zum Beispiel Methan (CH_4) entstammt in der Landwirtschaft zu ca. 50 % von der Haltung von Wiederkäuern. (Quelle: Homepage bpb.de)

3.3. Auswirkungen auf den Menschen und seine Umwelt

Die Auswirkungen auf den Menschen und seine Umwelt hängt ab von der Dosis (die Schadstoffkonzentration) und die Zeit, wie lange ein Schadstoff auf das Lebewesen wirkt. Dies nennt sich „Dosis-Wirkungsgesetz". (BACH et al., 1995, S. 50)
Dabei können die Immissionsschäden eingeteilt werden in:
- akute Schäden, welche durch eine kurze, jedoch hohe Schadstoffkonzentration hervorgerufen werden (z.B. bei einem Störfall in einem chemischen Betrieb)
- Chronische Schäden, welche durch längeres Einwirken, jedoch mit einer niedrigen Schadstoffkonzentration hervorgerufen werden (z.B. Abgase von Autos, Industrie)

In erster Linie schaden diese Schadstoffe dem Menschen durch das Einatmen solcher Substanzen. Dies kann zu Krankheiten und sogar Todesfällen führen, wobei hier eine Abgrenzung durch andere Ursachen sehr schwer zu treffen ist.

Krankheiten können sich durch „Schadstoffanreicherung in Körperflüssigkeiten und Geweben, Abnahme der Immunresistenz oder in Symptomen der Atemwegerkrankungen äußern". (BACH et al, 1995, S. 56) Besonders bei Inversionswetterlagen und einer hohen Schadstoffkonzentrierung in der bodennahen Luftschicht besteht eine besondere Gesundheitsgefährdung.

Auch können durch Luftverunreinigung Schäden „an der Haut, an den Schleimhäuten des Atemtraktes und an den Augen auftreten". Ebenfalls „nach Resorption der Stoffe" können Schäden „an Leber und Nieren, am Zentralnervensystem, am Skelett, im Herz-Kreislaufsystem und schließlich an der Erbsubstanz" auftreten. (BACH et al, 1995, S. 57)

Laut einer Studie im Jahre 2000, die in den Ländern Österreich, Frankreich und Schweiz durchgeführt wurden, kam man nach einer ausführlichen statistischen Analyse auf folgendes Ergebnis:

6 % der Todesfälle (über 40 000 Todesfälle pro Jahr) in den Studienländern sind durch verschmutzte Luft bedingt. Davon sind 50 % auf die Verschmutzung durch den Verkehr zuzuschreiben. (KÜNZLI et al., 2000)

Da diese Studie doch schon 10 Jahre alt ist, kann man davon ausgehen, dass dieser Prozentsatz bis heute gestiegen ist.

3.4. Maßnahmen

Neben den eigenen Gesetzten zur Überwachung und Begrenzung der Luftverschmutzung in den jeweiligen Industrieländern, gibt es auch internationale Abkommen zur Einhaltung bestimmter Emissionswerte. So hat auch die Europäische Kommission ihre eigenen Grenz- und Richtwerte. Währen die Grenzwerte aufgrund nationaler Rechtsprechung umgesetzt werden müssen, sind Richtwerte nicht verpflichtend jedoch von den Mitgliedsstaaten anzustreben.

„Um die Luftqualität zu verbessern, müssen Maßnahmen auf Gemeinschafts-, nationaler, regionale und lokaler Ebene getroffen werden."

(Europäische Kommission, http://ec.europa.eu/environment/news/efe /water_air_soil/080619_airquality_de.htm (Stand 16.1.2011)

Auch die Weltgesundheitsorganisation (WHO) hat ihre eigenen Immissionsrichtlinien, welche jedoch auch keinen verpflichtenden Charakter hat.

Doch damit diese vorgegebenen Wert auch wirklich zu einer Verringerung der Luftverschmutzung verhelfen, müssen strenge Kontrollen und Überwachungsmaßnahmen durchgeführte werden. Auch muss Jeder den Willen zeigen, seinen Teil für eine saubere Luft beizusteuern.
(WELLBURN, 1997, S. 12f)

Wichtig hierbei ist auch eine ständige Überwachung der Luftverschmutzung um Maßnahmen zur Luftreinhaltung treffen zu können. Dabei gibt es verschiedene unterschiedliche Messmethoden welche zum Beispiel kontinuierlich gemessen werden und andere wiederum anhand von Stichproben durchgeführt werden.
Eine Messung wird an der Zentralanstalt für Meteorologie und Geodynamik in Wien täglich durchgeführt. Und zwar wird „die die Albedo eines nach 24stündiger Ansaugzeit mit Ablagerungen von Luftverunreinigungsteilchen bedeckten und dadurch verschmutzten Filterblattes gemessen." (STEINHAUSER, S. 200, 1960) Dies wird seit 1957 aufgezeichnet und anschließend statistisch bearbeitet.

3.5. Literaturverzeichnis:

BACH W., H. W. Georgii, L. Steubing, 1995. Schadstoffbelastung und Schutz der Erdatmosphäre. Bonn

KÜNZLI N., R. Kaiser, S. Medina, u.a., 2000. Public-health impact of outdoor and traffic-related air pollution: a European assessment. The Lancet, Vol. 356

ODZUCK W., 1982. Umweltbelastung. Stuttgart

WELLBURN A. R., 1997. Luftverschmutzung und Klimaänderung: Auswirkungen auf Flora, Fauna und Mensch. London

STEINHAUSER F., 1960. Messungen der Luftverschmutzung in Wien. Theoretical and Applied climatology, Vol. 10

Homepage bpb.de – Bundeszentrale für politische Bildung - Stand: 16.1.2011
http://www.bpb.de/themen/PQWSE3,0,0,Luftverschmutzung_durch_Industrie_Landwi rtschaft_und_Haushalte.html

4. Subjektive Beurteilung der Exkursion

Ich persönlich fand die Exkursion im Ganzen sehr gelungen. Gut fand ich, dass sich jeder selber Module aussuchen konnte und auch bis auf die Mindestanzahl, wählen konnte wie viele man besuchen möchte. Auch fand ich gut, dass die Themen der einzelnen Module viele verschiedene Bereiche und Themengebiete abdeckte. Neben den aufschlussreichen Informationen fand ich sehr interessant, dass man zur Theorie auch immer was zum anschauen beziehungsweise zum begehen hatte. So zum Beispiel den Klima-Wind Kanal, in den wir hineingehen durften und auch der Control-Tower beim Flughafen Schwechat, von dem aus man einen sehr guten Überblick auf die zwei Pisten des Flughafens hatte. Auf jeden Fall war dies eine sehr gute Exkursion und ich empfehle sie jedem weiter.